veneror auctoritatem multorum Philoſophorum, nullius tamen eo vſque vt velim dumtaxat credere illis. Volo ſcire: ſcilicet, rem per cauſam cognoſcere: neque deſpero me ipſum. Illi, qui, côſcij virium propriæ mentis, malût perennare in ſchola, ſub auctoritate magiſtri, me quoque auctore, non excedant diſcipulatum. Hi tamen haud congruunt docendis, & reuocandis à libertate ad eam diſciplinam, illis, quorum non eſt eadem ingenij conditio. Diuus Paulus ſapientiam loquebatur inter perfectos, quandoquidem placuit Deo per ſtultitiam prædicationis ſaluos facere credentes, eo quod in ſapientia Dei mundus Deum non cognouiſſet: nec tamen ſapientia Dei obſtat fidei, quam Doctor gêtium tradebat paucis, & perfectioribus ex Chriſtianis. Qui à ſapientia Dei, quam nos nuncupamus Philoſophiam, timent Fidei Chriſtianæ oppoſitionem aliquam, credunt ſubobſcurè. Hæc ſcribebam Varſauiæ anno 1647. die 12. Septemb.

EXPERIENCES
NOVVELLES
TOVCHANT
LE VVIDE,

Faites dans des Tuyaux, Syringues, Soufflets,
& Siphons de plusieurs longueurs & figures : Auec diuerses liqueurs, comme vif-
argent, eau, vin, huyle, air, &c.

Auec vn discours sur le mesme sujet.

Où est monstré qu'vn vaisseau si grand qu'on le pourra
faire, peut estre rendu vuide de toutes les matieres
connuës en la nature, & qui tombent sous les sens.

Et quelle force est necessaire pour faire admettre ce vuide.

Dedié à Monsieur PASCAL Conseiller du
Roy en les Conseils d'Estat & Priué.

Par le sieur B. P. son fils.

Le tout reduit en Abbregé, & donné par aduance d'vn
plus grand traicté sur le mesme sujet.

A PARIS, Chez Pierre Margat, au Quay de
Gesvres, à l'Oyseau de Paradis.
M. DC. XLVII. *Auec Permission.*

AV LECTEVR.

Mon cher Lecteur, Quelques considerations m'empeschans de donner à present vn Traicté entier, où i'ay rapporté quantité d'experiences nouuelles que i'ay faites touchant le vuide, & les consequences que i'enay tirées, i'ay voulu faire vn recit des principales dans cet abbregé; où vous verrez par auance ce le dessein de tout l'ouurage.

L'occasion de ces experiēces est telle. *Il y a enui-*
ron quatre ans qu'en Italie on esprouua qu'vn tuyau
de verre de quatre pieds, dont vn bout est ouuert, &
l'autre scellé hermetiquement, estant remply de vif-
argent, puis l'ouuerture bouchée auec le doigt ou au-
trement, & le tuyau disposé perpendiculairement à
l'horizon, l'ouuerture bouchée estant vers le bas, &
plongée deux ou trois doigts dans d'autre vif-argēt
contenu en vn vaisseau moitié plein de vif-argent,
& l'autre moitié d'eau; si on desbouche l'ouuerture
demeurant tousiours enfoncée dans le vif-argent du
vaisseau, le vif-argent du tuyau descend en partie,
laissant au haut du tuyau vn espace vuide en appa-
rence, le bas du mesme tuyau demeurant plein du
mesme vif-argent iusques à vne certaine hauteur.
Et si on hausse vn peu le tuyau iusques à ce que son ou-
uerture qui trempoit auparauant dans le vif-

ã ij

argent du vaisseau, sortant de ce vif-argent, arriue à la region de l'eau, le vif argent du tuyau monte iusques en haut, auec l'eau; & ces deux liqueurs se broüillent dans le tuyau: mais enfin tout le vif-argent tombe, & le tuyau se trouue tout plein d'eau.

Cette experience ayant esté mandee de Rome au R. P. Mersenne Minime à Paris, il la diuulga en France en l'annee 1644. non sans l'admiration de tous les sçauans & curieux; par la communication desquels estant deuenuë fameuse de toutes parts, ie l'appris de Mr Petit Intendant des Fortifications, & tres-versé en toutes les belles lettres, qui l'auoit apprise du R. P. Mersenne mesme. Nous la fismes donc ensemble à Roüen ledit sieur Petit & moy, de la mesme sorte qu'elle auoit esté faite en Italie, & trouuasmes de poinct en poinct ce qui auoit esté mandé de ce pays-là, sans y auoir pour lors rien remarqué de nouueau.

Depuis, faisant reflexion en moi-mesme sur les conseqnences de ces experiences, elle me confirma dans la pensee où i'auois tousiours esté, que le vuide n'estoit pas vne chose impossible dans la Nature, & qu'elle ne le fuyoit pas auec tant d'horreur que plusieurs se l'imaginent.

Ce qui m'obligeoit à cette pensee, estoit le peu de fondement que ie voyois à la maxime si receuë, que la Nature ne souffre point le vuide; qui n'est appuyee que sur des experiences dont la plus part font tres-fauffes, quoy que tenuës pour tres-conftantes : & des autres, les vnes font entierement efloignees de contribuer à cette preuue, & montrent que la Nature abhorre la trop grande plenitude, & non pas qu'elle fuit le vuide : & les plus fauorables ne font voir autre chofe, finon que la Nature a horreur pour le vuide, ne montrans pas qu'elle ne le peut fouffrir.

A la foibleffe de ce principe, i'adiouftois les obferuations que nous faifons iournellemens de la rarefaction & condenfation de l'air; qui, comme quelques vns ont efprouué, fe peut condenfer iufques à la milliefme partie de la place qu'il fembloit occuper auparauant, & qui fe rarefie fi fort, que ie trouuois comme neceffaire, ou qu'il y eut vn grand vuide entre fes parties, ou qu'il y eut penetration de dimenfions. Mais comme tout le monde ne receuoit pas cela pour preuue, ie creus que cette experience d'Italie eftoit capable de conuaincre ceux-la mefmes qui font les plus preoccupez de l'impoffibilité du vuide.

Neantmoins, la force de la preuention fit encore trouuer des objections qui luy ofterent la croyance qu'elle meritoit. Les vns dirent que le haut de la farbatane eftoit plein des efprits du Mercure: d'autres, d'vn grain d'air imperceptible rarefié: d'autres, d'vne matiere qui ne fubfiftoit que dans leur imagination: & tous confpirans à bannir le vuide, exercerent à l'enui cette puiffance de l'efprit qu'on nomme Subtilité dans les Efcoles: & qui pour folution des difficultez veritables , ne donne que des vaines paroles fans fondement. Ie me refolus donc de faire des experiences fi conuainquantes, qu'elles fuffent à l'efpreuue de toutes les objections qu'on y pourroit faire : & i'en fis au commencement de cette annee vn grand nombre , dont il y en a qui ont quelque rapport auec colle d'Italie : & d'autres qui en font entierement effoignees, & n'ont rien, de commun auec elle : & elles ont efté fi exactes & fi heureufes , que i'ay montré par leur moyen, qu'vn vaiffeau fi grãd qu'on le pourra faire , peut eftre rendu vuide de toutes les matieres qui tombent fous les fens , & qui font connuës dans la Nature:& quelle force eft neceffaire pour faire admettre ce vuide. C'eft auffi par là que i'ay efprouué la hauteur neceffaire à vn fiphon , pour faire l'effet qu'on en attend; apres laquelle hauteur limitée, il n'agit plus: contre l'opinion fi vniuerfellement receuë dans le monde durant tant de fiecles : comme auffi le peu de force neceffaire pour attirer le pifton d'vne fyringue, fans qu'il y fuccede aucune matiere : & beaucoup d'autres chofes que vous verrez dans l'ouurage entier: dans lequel i'ay deffein de montrer quelle force la Nature employe pour efuiter le vuide:& qu'elle l'admet & le fouffre effectiuement dans vn grand efpace, que l'on rend facilement vuide de toutes les matieres qui tombent fous les fens. C'eſt pourquoy i'ay diuiſé le Traiſté entier en deux Parties, dont la premiere comprend le recit au long de toutes mes experiences auec les figures, & vne recapitulation de cequi s'y voit, diuiſee en pluſieurs maximes. Et la feconde, lesconſequences que i'en ay tirees, diuiſees en pluſieurs propoſitions: où i'ay montré que l'eſpace vuide en apparence, qui a paru dans les experiences, eſt vuide en effet de toutes les matieres qui tombent fous les fens, & qui font connuës dans la Nature: Et dans la cōcluſion, ie donne mon fentiment fur le fuiet du vuide, & refpons aux objeſtions qu'on y peut faire. Ainſi, ie me contente de montrer vn grand eſpace vuide, & laiſſe à des perſonnes ſçauantes & curieuſes à eſprouuer ce qui fe fait dans vn tel eſpace: comme ſi les animaux y viuent: ſi le verre en diminuë fa refraſtion: & tout ce qu'on y peut faire, n'en faiſant nulle mention dans ce Traiſté, dont i'ay iugé à propos de vous donner cet Abbregé par auance: Parce qu'ayant fait ces experiences auec beaucoup de frais, de peine & de temps; i'ay craint qu'vn autre qui n'y auroit employé le temps, l'argent, ny la peine, me preuenant, donnat au public des choſes qu'il n'auroit pas veuës, & leſquelles par conſequent, il ne pourroit pas rapporter auec l'exaſteté & l'ordre neceſſaire pour les déduire comme il faut; n'y ayant perſonne qui ait eu des tuyaux & des siphons de la longueur des miens; & peu qui voulussent se donner la peine necessaire pour en auoir.

Et comme les honnestes gens ioignent à l'inclination generale qu'ont tous les hommes de se maintenir dans leurs iustes possessions, celle de refuser l'honneur qui ne leur est pas deu; vous approuuerez sans doute, que ie me defende également, & de ceux qui voudroient m'oster quelques-vnes des experiences que ie vous donne icy, & que ie vous promets dans le Traicté entier, puis qu'elles sont de mon inuention : Et de ceux qui m'attribuëroient celle d'Italie dont ie vous ay parlé, puis qu'elle n'en est pas. Car encore que ie l'aye faite en plus de façons qu'aucun autre, & auec des tuyaux de douze & mesme de quinze pieds de long : neantmoins ie n'en parleray pas seulement dans ces escrits : parce que ie n'en suis pas l'Iinventeur : n'ayant dessein de donner que celles qui me sont particulieres, & de mon propre genie.

ABBREGE'

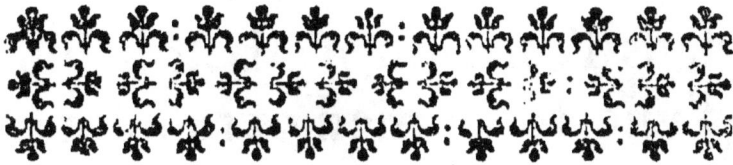

ABBREGÉ DE LA
premiere partie , dans laquelle sont rapportées les Experiences.

EXPERIENCES.

1. UNE syringue de verre auec vn piston bien iuste , plongée entierement dans l'eau, & dont on bouche l'ouuerture auec le doigt en sorte qu'il touche au bas du piston , mettant pour cet effect , la main & le bras

dans l'eau : on n'a befoin que
d'vne force mediocre pour le
retirer & faire qu'il fe def-vnif-
fe du doigt , fans que l'eau y
tre en aucune façon : (ce
que les Philofophes ont creu
ne fe pouuoir faire auec aucune force finie) & ainfi le doigt
fe fent fortement attiré &
auec douleur; & le pifton laif-
fe vn efpace vuide en apparence, & où il ne paroift qu'aucun corps ait peu fucceder;
puis qu'il eft tout entou-
ré d'eau qui n'a peu y auoir
d'accez l'ouuerture en eftant
bouchée, & fi on tire le pifton
dauantage, l'efpace vuide en
apparence deuient plus grand;

mais le doigt ne sent pas plus d'attraction. Et si on le tire presque tout entier hors de l'eau, en sorte qu'il n'y reste que son ouuerture & le doigt qui la bouche : lors, ostant le doigt, l'eau, contre sa nature, monte auecque violence, & remplit entierement tout l'espace que le piston auoit laissé.

2. Vn soufflet bien fermé de tous costés fait le mesme effet, auec vne pareille preparation : contre le sentiment des mesmes Philosophes.

3. Vn tuyau de verre de quarante - six pieds, dont vn bout est ouuert, & l'autre scel-

lé hermetiquement , eſtant remply d'eau, ou pluſtoſt de vin bien rouge , pour eſtre plus viſible, puis bouché, & eſleué en cet eſtat , & porté perpendiculairement à l'ho-riſon, l'ouuerture bouchée en bas , dans vn vaiſſeau plein d'eau, & enfoncé dedans en-uiron d'vn pied : ſi l'on deſ-bouche l'ouuerture, le vin du tuyau deſcend iuſques à vne certaine hauteur , qui eſt en-uiron de trente-deux pieds depuis la ſurface de l'eau du vaiſſeau, & ſe vuide & ſe meſ-le parmy l'eau du vaiſſeau qu'il teint inſenſiblement , & ſe des-vniſſant d'auec le haut du

verre, laiſſe vn eſpace d'enuiron treize pieds vuide en apparence; où de meſme, il ne
paroiſt qu'aucun corps ait peu
ſucceder : Et ſi on incline le
tuyau ; comme alors la hauteur du vin du tuyau deuient
moindre par cette inclination, le vin remonte, iuſques
à ce qu'il vienne à la hauteur
de trente - deux pieds : & enfin, ſi on l'incline iuſques à la
hauteur de trente-deux pieds,
il ſe remplit entierement, en
reſucçant ainſi autant d'eau
qu'il auoit rejetté de vin : ſi
bien qu'on le void plein de vin
depuis le haut iuſques à treize
pieds prez du bas, & remply

d'eau teinte infenfiblement dans les treize pieds inferieurs qui reftent.

4. Vn fiphon fcaléne, dont la plus longue iambe eft de cinquante pieds, & la plus courte de quarante-cinq, eftant remply d'eau, & les deux ouuertures bouchées eftans mifes dans deux vaiffeaux pleins d'eau, & enfoncées enuiron d'vn pied, en forte que le fiphon foit perpendiculaire à l'horifon, & que la furface de l'eau d'vn vaiffeau foit plus haute que la furface de l'autre, de cinq pieds : fi l'on desbouche les deux ouuertures le fiphon eftant en cet eftat, la

plus longue iambe n'attire
point l'eau de la plus courte, ny par confequent celle du
vaiffeau où elle eft : contre le
fentiment de tous les Philofophes & artifans: mais l'eau de-
fcend de toutes les deux iambes dans les deux vaiffeaux ,
iufques à la mefme hauteur
que dans le tuyau precedent ,
en comptant la hauteur depuis la furface de l'eau de chacun des vaiffeaux ; Mais ayant
incliné le fiphon au deffous
de la hauteur d'enuiron tren-
te- & vn pieds, la plus longue
iambe attire l'eau qui eft dans
le vaiffeau de la plus courte;
& quand on le rehauffe au

deſſus de cette hauteur, cela ceſſe, & tous les deux
coſtés deſgorgēt, chacun dans
ſon vaiſleau; Et quand on le
rabaiſle, l'eau de la plus longue iambe atire l'eau de la plus
courte comme auparauant.

5. Si l'on met vne corde de
prez de quinze pieds, auec vn
fil attaché au bout, (laquelle
on laiſle long-temps dans
l'eau afin que s'imbibant peu
à peu, l'air qui pourroit y eſtre
enclos en ſoite) dans vn tuyau
de quinze pieds ſeellé par vn
bout comme deſſus, & rem-
ply d'eau; De façon qu'il n'y
ait hors du tuyau que le fil attaché à la corde, afin de l'en

tirer; Et l'ouuerture ayant esté
mise dans du vif argent:quand
on tire la corde peu à peu, le
vif argét monte à proportion,
iusques à ce que la hauteur
du vif argent, iointe à la
quatorziesme partie de la hauteur qui reste d'eau, soit de
deux pieds trois pouces : car
apres, quand on tire la corde,
l'eau quitte le haut du verre,
& laisse vn espace vuide en
apparence, qui deuient d'autant plus grand, que l'on tire
la corde dauantage: Que si on
incline le tuyau, le vif argent
du vaisseau y r'entre en sorte
que si on l'incline assez, il se
trouue tout plein de vif argent

& d'eau qui frappe le haut du tuyau auecque violence, faifant le mefme bruit & le mefme efclat que s'il caffoit le verre, qui court rifque de fe caffer en effect : Et pour ofter le foubçon de l'air que l'on pourroit dire eftre demeuré dans la corde, on faict la mefme experience, auec quantité de petits Cylindres de bois, attachez les vns aux autres auec du fil de laton.

6. Vne fyringue auec vn pifton parfaitement iufte, eftant mife dans le vif argent, en forte que fon ouuerture y foit enfoncée pour le moins d'vn pouce, & que le refte de

la ſyringue ſoit eſleué perpendiculairement au dehors : ſi l'on retire le piſton, la ſyringue demeurant en cét eſtat, le vif argēt entrât par l'ouuerture de la ſyringue, monte & demeure vny au piſton iuſques à ce qu'il ſoit eſleué dãs la ſyringue deux pieds trois pouces; Mais apres cette hauteur, ſi l'on retire dauãtage le piſton, il n'attire pas le vif argent plus haut, qui demeurant touſiours à cette hauteur de deux pieds trois pouces, quitte le piſton: de ſorte qu'il ſe faiⷱt vn eſpace vuide en apparence, qui deuient d'autant plus grand que l'on tire le piſton dauantage : *Il est vray-semblable que la mesme chose arriue dans vne pompe par aspiration ; & que l'eau n'y monte que iusques à la hauteur de trente & vn pieds, qui respond à celle de deux pieds trois pouces de vif argent.* Et ce qui est plus remarquable, c'est que la syringue pezée en cet estat sans la retirer du vif argent ny la bouger en aucune façon, peze autant (quoy que l'espace vuide en apparence, soit si petit que l'on voudra) que quand, en retirant le piston dauantage, on le fait si grand qu'on voudra : & qu'elle peze tousiours autant que le corps de la syringue auec le

vif argent qu'elle contient de
la hauteur de deux pieds trois
poulces, fans qu'il y ait encore aucun efpace vuide en apparence: c'eft à dire, lors que
le pifton n'a pas encore quitté
le vif argent de la fyringue,
mais qu'il eft preft à s'en des-
vnir; fi l'on le tire tant foit peu.
De forte que l'efpace vuide en
apparence, quoy que tous les
corps qui l'enuironnent ten-
dent à le remplir, n'apporte
aucun changement à fon
poids: & que quelque diffe-
rence de grandeur qu'il y ait
entre ces efpaces, il n'y en a
aucune entre les poids.

7. Ayant remply vn fiphon

de vif argent, dont la plus longue iambe a dix pieds, & l'autre neuf & demy, & mis les
deux ouuertures dans deux
vaiſſeaux de vif argent, enfoncées enuiron d'vn poulce
chacune, en ſorte que la ſurface du vif argent de l'vn ſoit
plus haute de demy pied que
la ſurface du vif argent de l'autre; quand le ſyphon eſt perpé-
diculaire, la plus lōgue iambe
n'attire pas le vif-argent de la
plus courte: mais le vif-argent
ſe rompāt par le haut, deſcend
dans chacune des iambes, &
regorge dans les vaiſſeaux, &
tombe iuſques à la hauteur
ordinaire de deux pieds trois

poulces, depuis la furface du vif argent de chaque vaiſſeau ; que ſi on incline le ſiphon, le vif argent des vaiſſeaux remonte dans les iambes , les remplit , & commence de couler de la iambe la plus courte dans la plus longue & ainſi vuide ſon vaiſſeau : car cette inclination dans les tuyaux où eſt ce vuide apparent, lors qu'ils ſont dans quelque liqueur, attire toûjours les liqueurs des vaiſſeaux , ſi les ouuertures des tuyaux ne ſont point bouchées , ou attire le doigt , s'il bouche ces ouuertures.

8. Le meſme ſiphon eſtant

remply d'eau entierement, & en suite d'vne corde, comme cy-deſſus, les deux ouuertures eſtans auſſi miſes dans les deux meſmes vaiſſeaux de vif argẽt, quand on tire la corde par vne de ces ouuertures, le vif argent monte des vaiſſeaux dans toutes les deux iambes : en ſorte que la quatorzieſme partie de la hauteur de l'eau d vne iambe, auec la hauteur du vif argẽt qui y eſt monté, eſt egale à la quatorzieſme partie de la hauteur de l'eau de l'autre, iointe à la hauteur du vif argent qui y eſt monté ; ce qui arriuera tant que cette quatorzieſme partie de la hauteur de l'eau,

iointe

iointe à la hauteur du vif argent dans chaque iämbe, ſoit
de la hauteur de deux pieds
trois poulces : car apres, l'eau
ſe diuiſera par le haut , &
il s'y trouuera vn vuide apparent.

B

Desquelles experiences, & de
plusieurs autres rapportées
dans le Liure entier, où se voyent
des tuyaux de toutes longueurs
grosseurs, & figures, char-
gez de differentes liqueurs, enfoncées diuersement dans des
liqueurs differentes, transpor-
tées des vnes dans les autres,
pezées en plusieurs façons, &
où sont remarquées les attra-
ctions differentes que ressent le
doigt qui bousche les tuyaux où
est le vuide apparent; on déduit
manifestement ces maximes.

MAXIMES.

1. QVe tous les corps ont repugnance à se separer l'vn de l'autre, & admettre ce vuide apparent dans leur interualle: c'est à dire, que la Nature abhorre ce vuide apparent.

2. Que cette horreur oû cette repugnance qu'ont tous les corps, n'est pas plus grande pour admettre vn grand vuide apparent, qu'vn petit: c'est à dire, à s'esloigner d'vn grand interualle que d'vn petit.

3. Que la force de cette horreur est limitée , & pareille à
celle auec laquelle de l'eau
d'vne certaine hauteur qui est
enuiron de trente & vn pieds,
tend à couler en bas.

4. Que les corps qui borr ent
ce vuide apparent, ont inclination à le remplir.

5. Que cette inclination n'est
pas plus forte pour remplir vn
grand vuide apparent, qu'vn
petit.

6. Que la force de cette inclination est limitée, & tous-
jours pareille à celle auec laquelle de l'eau d'vne certaine
hauteur , qui est enuiron de
trente & vn pied, tend à cou-

ler en bas.

7. Qu'vne force plus grande
de si peu que l'on voudra, que
celle auec laquelle l'eau de la
hauteur de trente & vn pieds,
tend à couler en bas, suffit
pour faire admettre ce vuide
apparent, & mesme si grãd que
l'on voudra, c'est à dire, pour
faire des-vnir les corps d'vn
si grand interualle que l'on
voudra, pouruen qu'il n'y ait
point d'autre obstacle à leur
separation ny à leur esloigne-
ment, que l'horreur que la Nature a pour ce vuide apparent.

ABBREGE' DE LA

deuxiefme Partie, dans laquelle font rapportées les confequences de ces Experiences touchant la matiere qui peut remplir cet efpace vuide en apparence, divifée en plufieurs propofitions, avec leurs demonftrations.

PROPOSITIONS.

1. VE l'efpace vuide en apparence n'eft pas remply de l'air exterieur qui enuironne le tuyau, &

qu'il n'y eſt point entré par les
pores du verre.

2. Qu'il n'eſt pas plein de
l'air que quelques Philoſo-
phes diſent eſtre enfermé dans
les pores de tous les corps, qui
ſe trouueroit par ce moyen, au
dedans de la liqueur qui remplit les tuyaux.

3. Qu'il n'eſt pas plein de l'air
que quelques - vns eſtiment
eſtre entre le tuyau , & la liqueur qui le remplit , & enfermé dans les interſtices ou ato-
mes des corpuſcules qui com-
poſent ces liqueurs.

4. Qu'il n'eſt pas plein d'vn
grain d'air imperceptible, reſté
par hazard entre la liqueur &

le verre, ou porté par le doigt
qui le bouche, ou entré par
quelqu'autre façon, qui se ra-
refieroit extraordinairement;
& que quelques-vns souftien-
droient se pouuoir rarefier af-
fez pour remplir tout le monde, pluftoft que d'admettre
du vuide.

5. Qu'il n'eft pas plein d'vne
petite portion du vif argent
ou de l'eau, qui eftant tirée
d'vn cofté par les parois du verre, & de l'autre par la force de
la liqueur, se rarefie & se conuertit en vapeurs; en forte que
cette attraction reciproque
faffe le mefme effet que la cha-
leur qui conuertit ces liqueurs

en vapeur, & les rend volatil-
les.

6. Qu'il n'eſt pas plein des
eſprits de la liqueur qui remplit le tuyau.

7. Qu'il n'eſt pas plein d'vn
air plus ſubtil meſlé parmy
l'air exterieur, qui en eſtant
deſtaché & entré par les pores
du verre, tendroit touſiours à
y retourner, ou y ſeroit ſans
ceſſe attiré.

8. Que l'eſpace vuide en apparence, n'eſt remply d'aucune des matieres qui ſont connuës dans la Nature, & qui
tombent ſous ancun des
ſens.

ABBREGÉ DE LA
Conclusion, dans laquelle
ie donne mon senti-
ment.

Apres auoir demonstré qu'aucunes des matieres qui tombent sous nos sens, & dont nous auons connoissance, ne remplissent cet espace vuide en apparence. Mon sentiment sera, iusques à ce qu'on m'aye montré l'existance de quelque matiere qui le remplisse, qu'il est veritablement vuide, & desti-tué de toute matiere.

C'est pourquoy ie diray du

vuide veritable , ce que i'ay montré du vuide apparent , & ie tiendray pour vrayes les Maximes posées cy-dessus , & enoncees du vuide absolu comme elles l'ont esté de l'apparent , sçauoir en cette sorte

M A X I M E S.

1. QVe tous les corps ont repugnance à se separer l'vn de l'autre, & admettre du vuide dans leur interualle; c'est à dire, que la Nature abhorre le vuide.

2. Que cette horreur ou repugnance qu'ont tous les corps, n'est pas plus grande pour admettre vn grand vui-

de, qu'vn petit : c'eſt à dire,
pour s'eſloigner d'vn grand
interualle que d'vn petit.

3. Que la force de cette horreur eſt limitée , & pareille à
celle auec laquelle de l'eau
d'vne certaine hauteur, qui eſt
à peu prés de trente & vn pied,
tend à couler en bas.

4. Que les corps qui bornent
ce vuide, ont inclination à le
remplir.

5. Que cette inclination n'eſt
pas plus forte pour remplir vn
grand vuide, qu'vn petit.

6. Que la force de cette inclination eſt limitée & touſiours
égale à celle auec laquelle l'eau
d'vne certaine hauteur , qui

eſt enuiron de trente & vn
pied, tend à couler en bas.

7. Qu'vne force plus grande
de ſi peu que l'on voudra, que
celle auec laquelle l'eau de la
hauteur de trente & vn pied
tend à couler en bas , ſuffit
pour faire admette du vuide,
& meſme ſi grand que l'on
voudra; c'eſt à dire, à faire des-
vnir les corps d'vn ſi grand interualle que l'on voudra: pour-
ueu qu'il n'y ait point d'autre
obſtacle à leur ſeparation ny
à leur eſloignement, que l'horreur que la Nature a pour le
vuide.

EN SVITE IE RES-
pons aux objections qu'on y
peut faire, dont voicy les
principales.

OBIECTIONS.

1. QVe cette propofition,
qu'vn efpace eft vui-
de, repugne au fens com-
mun.

2. Que cette propofition, que
la Nature abhorre le vuide, &
neantmoins l'admet, l'accufe
d'impuiffance, ou implique
contradiction.

3. Que plufieurs experiences, & mefmes iournalieres,

montrent que lá Nature ne peut souffrir de vuide.

4. Qu'vne matiere imperceptible, inoüye & incognuë à tous les sens, remplit cet espace.

5. Que la lumiere estant vn accident, ou vne substance, il n'est pas possible qu'elle se soustienne dans le vuide, si elle est vn accident ; & qu'elle remplit l'espace vuide en apparence, si elle est vne substance.

FIN.

Permißión.

IL est permis au sieur PASCAL de faire imprimer vn Liuret intitulé, Experiences nouuelles touchant le vuide, &c. Faict à Paris ce 8. Octobre 1647.

DAVBRAY.

IACOBI
PIERII
DOCTORIS MEDICI
ET PHILOPHIÆ PROFESSORIS,

AD

Experientiam nuperam circa vacuum.

R. P. Valeriani Magni demonstrationem ocularem.

Et Mathematicorum quorumdam noua cogitata.

Responsio ex Peripateticæ Philosophiæ Principiis desumpta.

❦ ❦

PARISIIS,

Apud { Seb. Cramoisy Regis & Reginæ Architypographum. ET Gabrielem Cramoisy. } via Iacobæâ.

M. DC. XLVIII.

CVM PERMISSV.

www.ingramcontent.com/pod-product-compliance
Lightning Source LLC
Chambersburg PA
CBHW060455210326
41520CB00015B/3957